Muhammad Noman Akbar
Ghulam Raza
Rashid Habibullah

Bancada de teste de caraterizaçāo de motores

Muhammad Noman Akbar
Ghulam Raza
Rashid Habibullah

Bancada de teste de caraterização de motores

Banco de ensaios multiusos de nível industrial para caraterização de máquinas eléctricas e desenvolvimento de controlo

ScienciaScripts

Cover image: www.ingimage.com

This book is a translation from the original published under ISBN 978-3-659-85320-3.

Publisher:
Sciencia Scripts
is a trademark of
Dodo Books Indian Ocean Ltd. and OmniScriptum S.R.L publishing group

120 High Road, East Finchley, London, N2 9ED, United Kingdom
Str. Armeneasca 28/1, office 1, Chisinau MD-2012, Republic of Moldova, Europe
Managing Directors: Ieva Konstantinova, Victoria Ursu
info@omniscriptum.com

Printed at: see last page
ISBN: 978-620-8-37434-1

CONTEÚDO

DEDICAÇÃO

A Alá, o Todo-Poderoso

&

Aos nossos pais e professores

AGRADECIMENTOS

Estamos profundamente gratos ao nosso Orientador e Co-orientador, Dr. Raza Kazmi, e ao Dr. Tauseef Tauqeer por nos terem ajudado ao longo do nosso projeto final. A sua orientação, apoio e motivação permitiram-nos alcançar os objectivos do nosso projeto de design sénior. Estamos também gratos ao Dr. Riaz Mufti, por nos ter ajudado com o mecanismo de medição do binário.

Além disso, estamos também gratos à Administração e ao pessoal da NUST, especialmente aos Engenheiros de Laboratório, que foram muito cooperantes e prestaram todo o apoio durante todo o processo de desenvolvimento. Este projeto não teria sido possível sem a sua ajuda constante.

RESUMO

Os motores constituem 70-80% da carga industrial. Atualmente, os motores fabricados no Paquistão são altamente ineficientes e contribuem para perdas de energia significativas na rede eléctrica. Estas ineficiências resultam do facto de os fabricantes de motores no Paquistão não disporem de um mecanismo para testar as caraterísticas de eficiência das máquinas fabricadas, bem como para conceber o sistema de controlo para as fazer funcionar com a sua eficiência óptima. Sem a caraterização do desempenho dos motores, os fabricantes de motores não podem cumprir as normas **IEC** (europeias) e **NEMA** (americanas); consequentemente, não podem exportar os seus produtos para a Europa e América. Assim, a motivação por detrás do nosso projeto, 'Motor Characterization Test Bench', é fornecer aos fabricantes uma plataforma baseada em Hardware-in- loop (HIL) para caraterizar completamente os motores em relação às normas internacionais, bem como fornecer uma instalação de I&D para o desenvolvimento de sistemas de controlo eficientes para o motor; visando assim tanto a indústria como o meio académico como potenciais clientes deste produto.

CAPÍTULO 1

DECLARAÇÃO DO PROBLEMA

O desenvolvimento industrial é a espinha dorsal da economia de uma nação. Os motores eléctricos são uma parte importante e essencial das actividades industriais. Constituem a maior carga da rede eléctrica do Paquistão, consumindo até 70% da capacidade energética. Por conseguinte, se estes motores forem ineficientes do ponto de vista energético, contribuirão para uma enorme perda de energia no sistema elétrico. Infelizmente, é este o caso no Paquistão, onde os motores são geralmente fabricados para serem baratos e não para serem altamente eficientes.

No Paquistão, as pequenas e médias indústrias, como os fabricantes de ventiladores e bombas, utilizam motores de fabrico nacional. De acordo com inquéritos efectuados por organizações de renome, estes motores fabricados são altamente ineficientes. Uma vez que a grande percentagem da nossa eletricidade é constituída por motores, estes desempenham um papel significativo na redução de carga e noutros problemas de falta de energia.

Para permitir que a indústria de fabrico de motores do Paquistão produza motores que cumpram os requisitos de eficiência energética da Norma de Desempenho Energético Mínimo (MEPS) [2] estabelecida pelas organizações europeias e americanas IEC [3] e NEMA [4], respetivamente, é necessário equipá-los com um banco de ensaios de caraterização de máquinas.

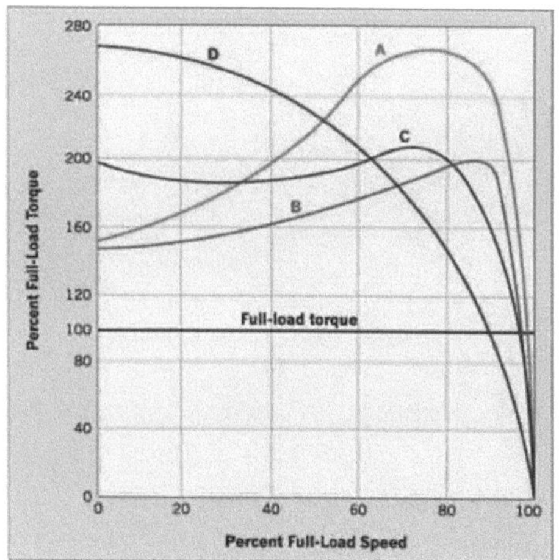

Figura 1 Curvas NEMA

SOLUÇÃO PROPOSTA

Este projeto visa desenvolver um banco de ensaios completamente adaptável para todos os motores que se enquadram na gama de potências de 0,5 a 2 cavalos; esta gama de potências abrange todo o espetro de motores domésticos e alguns dos motores industriais mais comuns. O sistema caracterizará os motores com base nas suas curvas de velocidade de binário caraterísticas.

CARACTERÍSTICAS IMPORTANTES

As principais caraterísticas deste banco de ensaio, como mostra a Fig. 1, serão as seguintes

1. Plataforma sólida sem vibrações com ajuste completo de 3 graus de liberdade (DoF).

2. Máquina controlada por binário para atuar como carga dinâmica.

3. Sensor de binário para fornecer feedback instantâneo do binário.

4. Conversores de eletrónica de potência para os accionamentos das máquinas.

5. Interface de aquisição de dados (DAQ) com um computador para visualização de dados e implementação de controlo.

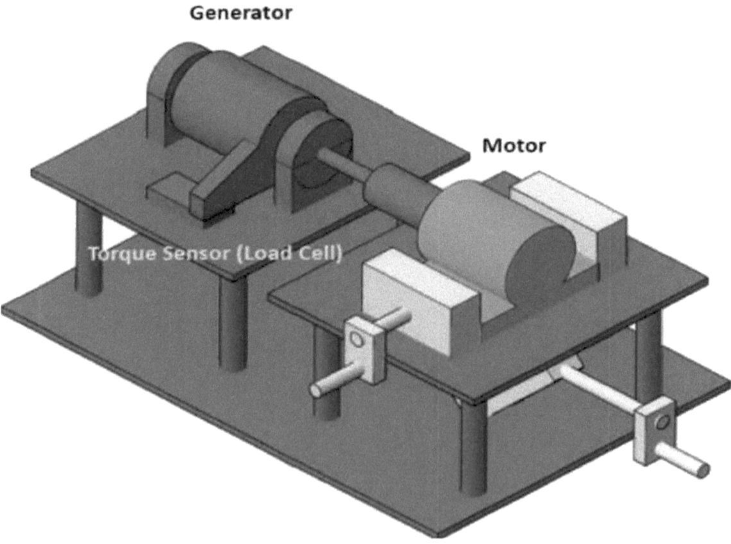

Figura 2 Modelo 3D do nosso banco de ensaio

O principal objetivo deste projeto é desenvolver uma instalação de desenvolvimento de controlo e caraterização de máquinas de última geração, mas com uma boa relação custo-eficácia, para utilização tanto pela indústria como pelo meio académico. A conceção autóctone tornará esta instalação acessível às nossas PME e universidades. Por conseguinte, permitirá à nossa indústria produzir máquinas que cumpram as normas internacionais em matéria de energia. Por outro lado, esta instalação permitirá que os nossos investigadores e académicos ajudem a nossa indústria a obter motores energeticamente eficientes através de novas concepções de motores e de melhores técnicas de controlo e sistemas de acionamento. Isto não só terá um grande impacto na redução das perdas de energia na rede nacional, mas também na conquista do mercado internacional de exportação de motores.

CAPÍTULO 2

REVISÃO DA LITERATURA

A revisão da literatura abrange bancos de ensaio de caraterização de motores existentes em diferentes organizações e indústrias em todo o mundo.

Os sistemas podem ser classificados em 3 tipos:

- Sistemas manuais (analógicos)
- Sistemas manuais (digitais)
- Sistemas digitais e totalmente automáticos

SISTEMAS MANUAIS (ANALÓGICOS)

Estes são os mais antigos e os menos exactos. O carregamento e a leitura são efectuados manualmente, pelo que estão sujeitos a erros humanos. Atualmente, são obsoletos.

Figura 3 Sistemas analógicos manuais

SISTEMAS MANUAIS (DIGITAIS)

São relativamente mais avançados do que os sistemas anteriormente mencionados. O carregamento continua a ser feito manualmente, mas as leituras são efectuadas digitalmente. O seu custo é médio.

Figura 4 Sistemas digitais manuais

SISTEMAS AUTOMÁTICOS E DIGITAIS

Estes são os sistemas mais caros disponíveis. São sistemas totalmente automáticos e muito eficientes. O carregamento é efectuado automaticamente e a saída é também em formato digital. Mas, devido ao seu preço, a maioria das PME não os pode adquirir. A figura seguinte mostra um banco de ensaio da Kistler, uma das empresas mais reputadas neste domínio.

Figura 5 Banco de ensaio totalmente automático

CAPÍTULO 3

METADOLOGIA

As principais partes do sistema são as seguintes:

- Acionamento de frequência variável para motor em teste
- Plataforma sem vibrações com ajuste completo de 3 graus de liberdade (DoF)
- Carga Electro-Mecânica Dinâmica
- Sensores (binário, velocidade e corrente)
- Aquisição de dados, visualização e conceção de controlo num PC

O acionamento elétrico fará variar a velocidade do motor em ensaio e será utilizada uma carga eletromecânica, como um gerador, para fazer variar o binário aplicado ao motor. O sensor será utilizado para recolher dados e o sistema de aquisição de dados apresentará os resultados utilizando o software MATLAB no PC.

Todos os componentes/partes acima mencionados serão explicados mais pormenorizadamente na passagem seguinte.

ACCIONAMENTO DE FREQUÊNCIA VARIÁVEL

Um variador **de frequência (VFD)** (também designado por *variador de frequência ajustável, variador de velocidade*, *variador de CA*, *micro variador* ou *variador de inversor*) é um tipo de variador de velocidade ajustável utilizado em sistemas de acionamento electromecânicos para controlar a velocidade e o binário do motor de corrente alternada através da variação da frequência e da tensão de entrada do motor.

A frequência (ou hertz) está diretamente relacionada com a velocidade do motor (RPMs). Por outras palavras, quanto mais rápida for a frequência, mais rápidas serão as RPMs. Se uma aplicação não exigir que um motor elétrico funcione à velocidade máxima, o VFD pode ser utilizado para reduzir a frequência e a tensão de modo a satisfazer os requisitos da carga do motor elétrico. À medida que os requisitos de velocidade do motor da aplicação se alteram, o VFD pode simplesmente aumentar ou diminuir a velocidade do motor para satisfazer o requisito de velocidade.

Há muitas formas de controlar a velocidade do motor de indução, incluindo o acoplamento hidráulico, o acoplamento magnético, o acoplamento por correntes de Foucault e o conjunto de embraiagem, etc. O problema com estes tipos de acoplamentos é que são resistivos e têm perdas. Outra forma de controlar a velocidade é utilizar a eletrónica de potência. Esta técnica de controlo de velocidade é muito mais eficiente devido à utilização de dispositivos de eletrónica de potência, uma vez que a sua eficiência é superior a 98%.

As técnicas de eletrónica de potência incluem dois métodos principais, a técnica de ciclo-conversão e a técnica de inversão.

Na técnica de inversão trifásica, existem subtécnicas que utilizam PWM para gerar uma tensão variável com frequência variável. Estas incluem PWM sinusoidal, PWM de terceira harmónica, PWM de vetor espacial.

CONTROLO DA VELOCIDADE DE UM MOTOR DE INDUÇÃO

A velocidade de rotação do campo magnético é dada por

$$n_{syn} = \frac{120fe}{P}$$

Onde fe é a frequência do sistema em hertz e P é o número de pólos da máquina.

Se a frequência eléctrica aplicada ao estator do motor de indução for alterada, então a taxa de variação do campo magnético (nsync) será diretamente proporcional à mesma. O ponto em vazio na curva de velocidade de binário também se altera com a alteração da frequência eléctrica. A velocidade síncrona do motor na condição nominal é designada por velocidade de base. Ao utilizar o VFD (variador de frequência), é possível alterar a velocidade do motor acima ou abaixo da velocidade de base.

$$\varphi (t) = -(Vm/\omega Np)^* \cos(\omega t)$$

onde φ(t) é o fluxo do núcleo e Vm*cos(wt) é a tensão aplicada ao núcleo. Como a frequência eléctrica está no denominador, se a tensão aplicada ao enrolamento do estator permanecer constante e a frequência diminuir 10%, então o fluxo aumentará 10% e a corrente de magnetização do motor aumentará. O aumento da corrente de magnetização também será de cerca de 10%. Os motores de indução são normalmente concebidos para funcionar perto do ponto de saturação nas suas curvas de magnetização, razão pela qual o aumento da frequência pode causar um aumento excessivo da corrente de magnetização.

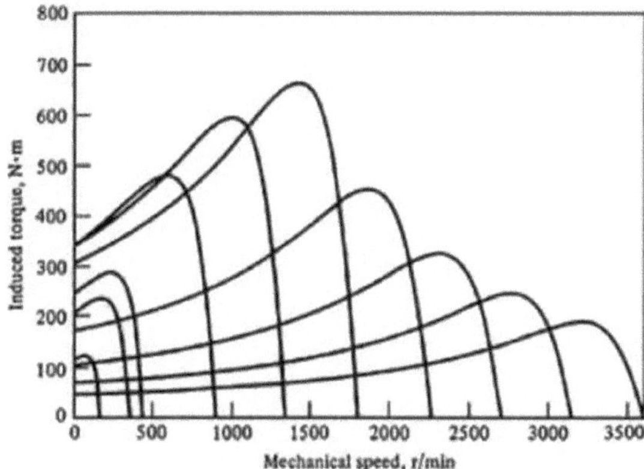

Figura 6 Curvas de velocidade de binário

PRINCIPAIS PARTES DO VFD

Existem três partes principais de um VFD.

- Um retificador monofásico que converte CA em CC
- Um barramento de corrente contínua com um condensador à saída para reduzir as ondulações
- Inversor trifásico que converte a tensão CC em saída CA trifásica

DIAGRAMA DE BLOCO

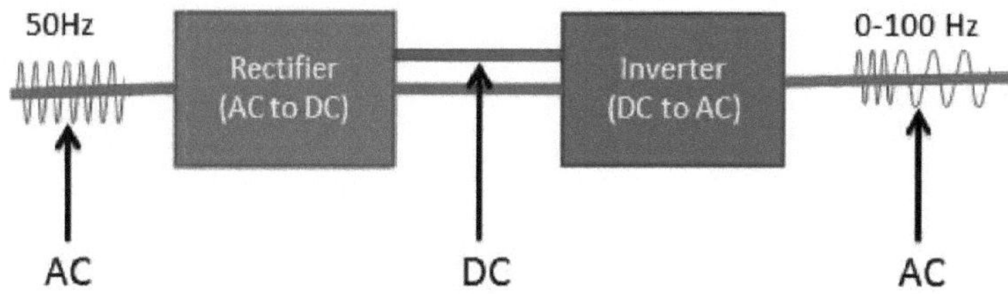

Figura 7 Diagrama de blocos

i. RECTIFICADOR DE PONTE

A primeira parte dos conversores "back to back", na parte do retificador, é a que converte a tensão CA de entrada em CC. O retificador é um retificador de onda completa em ponte. Os díodos oferecem uma queda de tensão muito pequena. A saída do retificador é alimentada a um barramento CC que tem um circuito de condensador e indutor para remover as ondulações e suavizar a saída.

Utiliza 4 díodos rectificadores ligados numa configuração de "ponte" em circuito fechado. 2 deles funcionam em cada meio ciclo.

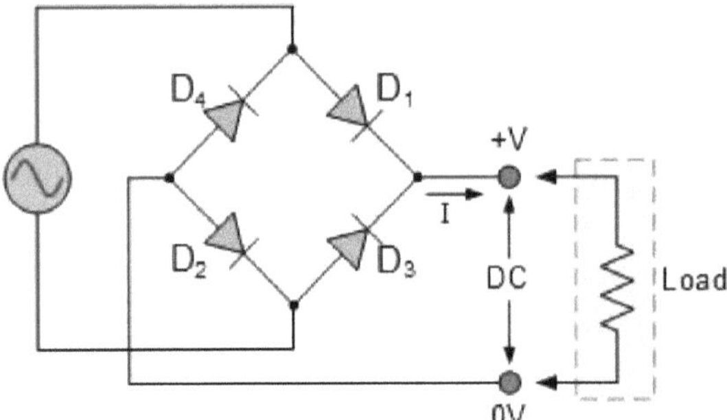

Figura 8 Retificador de onda completa em ponte

2 díodos conduzem em cada meio ciclo e a saída permanece na mesma direção.

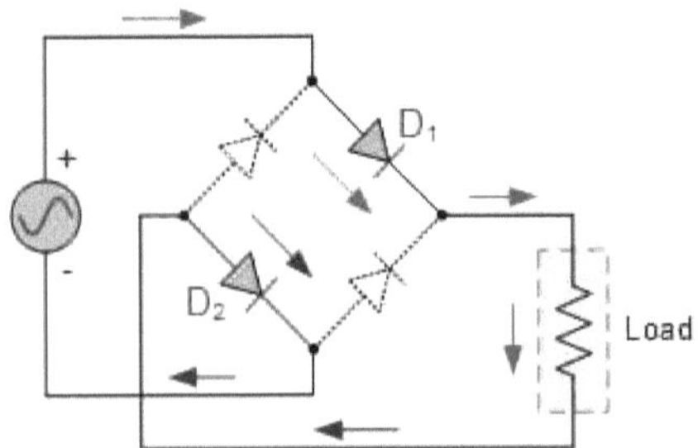

Figura 9 Meio ciclo positivo

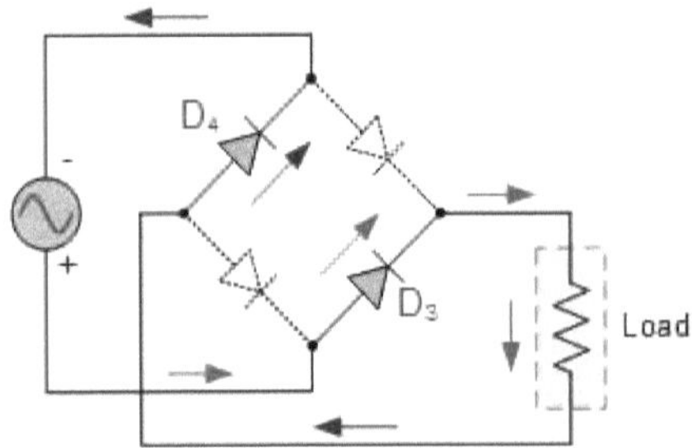

Figura 10 Meio ciclo negativo

Uma vez que a corrente que flui através da carga é unidirecional, a tensão desenvolvida através da carga é também unidirecional, tal como no caso do retificador de onda completa de dois díodos anterior, pelo que a tensão CC média através da carga é de 0,637 Vmax.

ii. O CONDENSADOR DE REGULARIZAÇÃO

A saída do retificador contém ondulações. Por isso, é ligado um condensador em paralelo à carga que elimina estas ondulações. O condensador de suavização converte a ondulação de onda completa de saída do retificador numa tensão de saída DC suave.

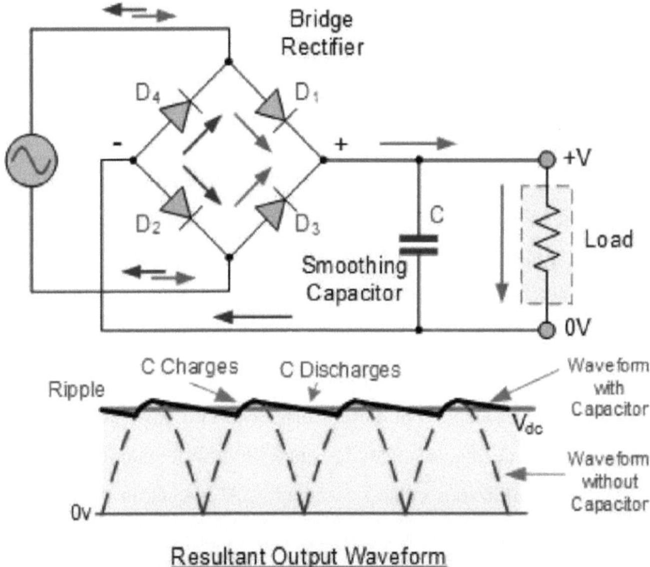

Figura 11 Retificador com condensador de suavização

iii. INVERSORES DC-AC MODULADOS POR LARGURA DE IMPULSO

O inversor trifásico recebe a tensão CC do barramento CC e emite uma saída CA trifásica.

Os inversores modulados por largura de impulso são o tipo de inversores que são alimentados com uma tensão essencial constante para o seu lado primário, que é constante em magnitude. Estes tipos de inversores recebem normalmente as suas tensões a partir de uma tensão de linha rectificada por díodos e, por esta razão, o inversor regula normalmente a magnitude e a frequência da tensão de saída invertida CA e esta regulação é feita pelos sinais gerados por PWM alimentados aos comutadores do inversor, sendo esta a principal razão pela qual estes tipos de inversores são designados por inversores

PWM. Existem numerosas formas de modular a largura dos impulsos dos comutadores destes inversores para que a tensão CA de saída seja regulada o mais próximo possível de uma forma de onda sinusoidal.

Este inversor foi escolhido para o projeto devido ao facto de o microcontrolador que controla todo o sistema poder e ter os requisitos necessários e a capacidade de gerar sinais PWM para o sistema de comutação.

Os conversores de corrente contínua para corrente alternada, mais conhecidos por inversores, dependendo do tipo de fonte de alimentação e da respectiva topologia do circuito de potência, são classificados como inversores de fonte de tensão (VSI) e inversores de fonte de corrente (CSI). Os inversores monofásicos e os padrões de comutação foram analisados em pormenor no capítulo 2, pelo que os inversores trifásicos são aqui explicados em pormenor.

O circuito trifásico dos inversores de fonte de tensão em ponte completa é apresentado a seguir. Os VSI monofásicos cobrem aplicações de baixa potência e os VSI trifásicos cobrem aplicações de média a alta potência. O principal objetivo destas topologias é fornecer uma fonte de tensão trifásica, em que a amplitude, a fase e a frequência das tensões podem ser controladas. Os inversores trifásicos dc/ac de fonte de tensão estão a ser amplamente utilizados em accionamentos de motores, filtros activos e controladores unificados de fluxo de potência em sistemas de energia e fontes de alimentação ininterruptas para gerar uma frequência controlável e magnitudes de tensão ac utilizando várias estratégias de modulação por largura de impulsos (PWM). O inversor trifásico padrão mostrado na figura abaixo tem seis IGBTs sendo utilizados como interruptores. A comutação depende do esquema de modulação. A corrente contínua de entrada é normalmente obtida a partir de uma fonte de alimentação monofásica ou trifásica através de um retificador de ponte de díodos e de um filtro LC ou C.

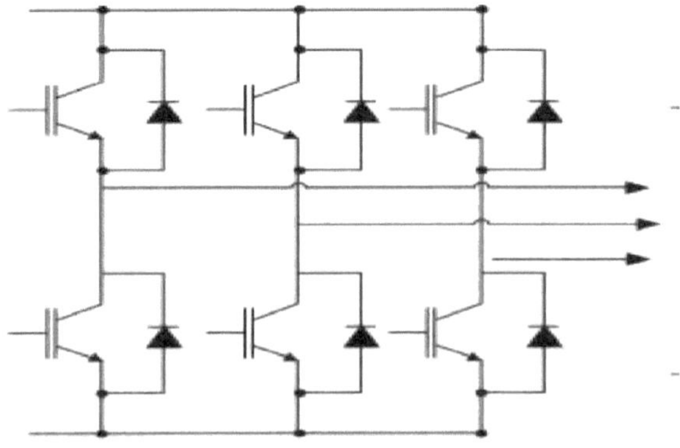

Figura 12 Inversor trifásico

ESQUEMA DE CONDUÇÃO

- Estamos a utilizar um esquema de condução de 180 graus.
- Cada interrutor permanece ligado durante 180 graus
- Utilizado para alta potência e mais de 1st harmónico

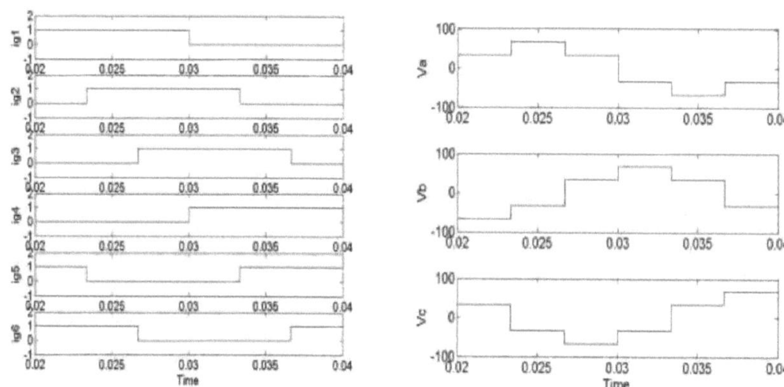

Figura 13 180® Esquema de condução

ESQUEMA DE COMUTAÇÃO SPWM DO INVERSOR TRIFÁSICO

Tal como nos inversores monofásicos de fonte de tensão, a técnica PWM pode ser utilizada em inversores trifásicos, em que três ondas sinusoidais com desvio de fase de 120° com a frequência da tensão de saída pretendida são comparadas com um triângulo portador de frequência muito elevada, sendo os dois sinais misturados num comparador cuja saída é alta quando a onda sinusoidal é maior do que o triângulo e a saída do comparador é baixa quando a onda sinusoidal ou tipicamente designada por sinal de modulação é menor do que o triângulo. Este fenómeno é mostrado na figura abaixo. A tensão de saída do inversor não é suave, mas sim uma forma de onda discreta, pelo que é mais provável que a onda de saída seja constituída por harmónicas, que normalmente não são desejáveis, uma vez que deterioram o desempenho da carga à qual estas tensões são aplicadas.

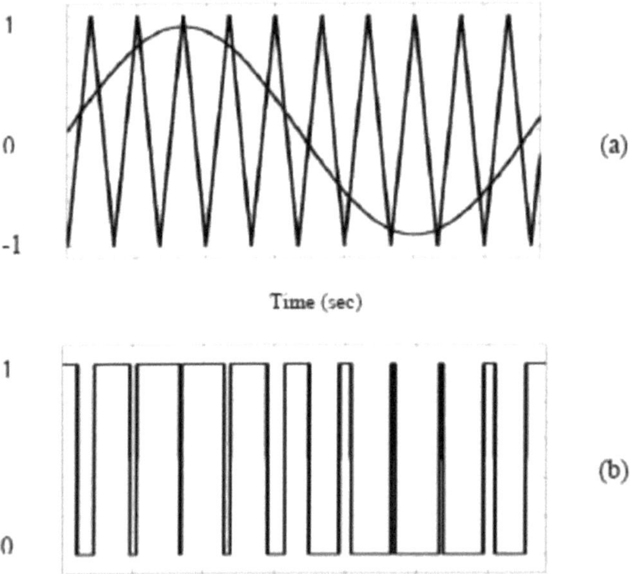

Figura 14 Ilustração de PWM pelo método de comparação seno-triângulo (a) comparação seno-triângulo (b) impulsos de comutação.

A geração de PWM é efectuada utilizando o microcontrolador ATMEGA. O ciclo de trabalho é variado de modo a que quanto maior for o ciclo de trabalho, maior será a saída. Os sinais do microcontrolador são enviados para o circuito de controlo do portão constituído pelo IR2110.

controlo da velocidade através do método v/Hz

O controlo V/Hz é um método de controlo básico que proporciona um acionamento de frequência variável para aplicações como ventoinhas e bombas. Proporciona um controlo justo da velocidade e do binário, a um custo razoável.

Existem vários métodos para o controlo da velocidade de um motor de indução. São eles:

- Mudança de pólo
- Controlo da resistência variável do rotor
- Controlo V/f

- Controlo Vetorial

Dos métodos acima mencionados, o controlo V/f é o mais popular e tem sido amplamente utilizado em aplicações industriais e domésticas devido à sua facilidade de implementação. No entanto, o seu desempenho dinâmico é inferior ao do controlo vetorial. Assim, em áreas onde é necessária precisão, o controlo V/f não é utilizado. As várias vantagens do controlo V/f são as seguintes

- Proporciona uma boa gama de velocidades.
- Apresenta um bom desempenho em funcionamento e em condições transitórias.
- Tem uma baixa exigência de corrente de arranque.
- Tem uma região de funcionamento estável mais alargada.
- A tensão e as frequências atingem os valores nominais na velocidade de base.
- A aceleração pode ser controlada através do controlo da taxa de variação da frequência de alimentação.
- É barato e fácil de implementar.

No controlo V/f em malha aberta, observou-se que, ao variar a frequência de alimentação e a tensão terminal de modo a que a relação V/f permaneça a mesma, o fluxo produzido pelo estator permaneceu constante. Como resultado, o binário máximo do motor manteve-se constante em toda a gama de velocidades.

CIRCUITO DE ACCIONAMENTO DE PORTA

Os sinais PWM provenientes do microcontrolador são enviados para o circuito de acionamento da porta.

O driver de porta é composto por três ICs IR2110. Os principais objectivos deste circuito são

- Aumento da potência dos sinais PWM provenientes dos microcontroladores.
- Boot-straping

SENSORES

SENSOR DE BINÁRIO

É um dispositivo utilizado para medir o binário num sistema rotativo, como o motor, a cambota, o rotor, etc. O binário estático pode ser medido facilmente em comparação com o binário dinâmico, uma vez que, em geral, requer a transferência de alguns efeitos, como o elétrico ou o magnético, do veio que está a ser medido para um sistema estático.

Medição do binário:

a. ***Série de ímanes permanentes:***

Neste método de medição do binário, o veio caraterístico é ligado a uma série de domínios de ímanes permanentes. Ao aplicar o binário no veio (motor, cambota), as caraterísticas dos ímanes permanentes alteram-se em conformidade e estas alterações podem ser medidas utilizando sensores sem contacto. Algumas das caraterísticas desta tecnologia ativa para a medição do binário são o facto de o desempenho da deteção não envelhecer devido ao método de medição sem contacto, poder ser aplicada em qualquer dimensão do diâmetro do veio, poder ser utilizada para a medição do binário estático e dinâmico, ser insensível à humidade, etc.

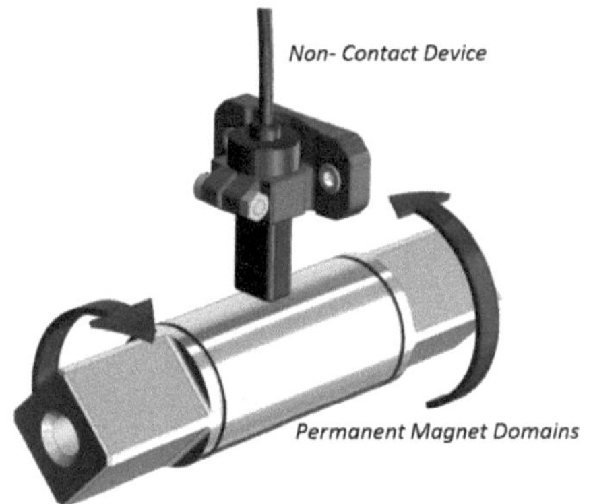

Figura 15 Mecanismo de ímanes permanentes

b. ***Medição do ângulo de fase:***

Neste método de medição do binário, dois sensores de posição angular são ligados ao veio no lado da fonte e no lado da carga. Na aplicação do binário, o ângulo de fase para ambos os sensores seria diferente, pelo que a diferença de fase resultante dá-nos a quantidade de binário aplicado.

c. *Utilização de extensómetros:*

Uma forma de medir o binário é com a ajuda de extensómetros. Os extensómetros são aplicados a um eixo rotativo ou a um eixo em configuração de ponte de Wheatstone. Na ausência de qualquer torção no eixo, a ponte está em equilíbrio e a tensão de saída é zero. Quando é aplicada uma torção, a resistência dos extensómetros altera-se, o que provoca um desequilíbrio na ponte e, por conseguinte, uma alteração da tensão de saída.

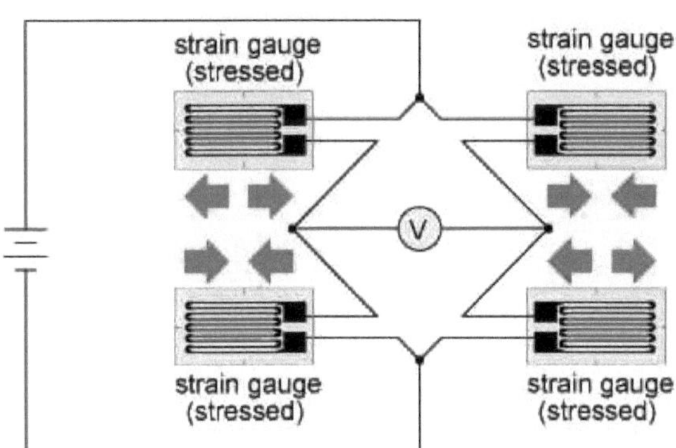

Figura 16 Medidores de tensão em configuração de ponte de Wheatstone

A célula de carga é um transdutor que converte uma força num sinal elétrico. É normalmente constituída por quatro extensómetros numa configuração de ponte de Wheatstone.

Figura 17 Célula de carga prática

Mecanismo de medição do binário:

A técnica de medição do binário de reação é utilizada no nosso sistema. Neste método, o rotor do gerador está diretamente acoplado ao veio do motor e o seu corpo está firmemente ligado a uma célula de carga. À medida que o binário é variado (através de excitação), a força que actua no corpo é medida através da célula de carga. Esta força, multiplicada pelo braço de momento, dá o binário aplicado no motor.

Figura 18 Configuração da célula de carga mostrando o braço de momento

Figura 19 O braço de momento deve ser perpendicular para ignorar os efeitos angulares

Calibração do medidor de binário:

Todas as técnicas acima referidas utilizadas para a medição do binário dão saída sob a forma de tensão. Por isso, é necessário converter esta tensão em binário. Assim, para calibrar o medidor de binário, é utilizada uma configuração especial para este fim.

A equação matemática do binário é a seguinte

$$Torque = \tau = r \times F$$

$$Torque = \tau = rF \sin\theta$$

Se $\theta = 90'$ e utilizando $F = ma$

$T\,orque = \tau = rma$

- Uma haste de comprimento conhecido é colocada perpendicularmente ao eixo do medidor de binário de modo a que sin θ se torne igual a 90 graus.
- A massa de valor conhecido é pendurada na haste e o valor da tensão é registado.
- Para calcular o binário, é utilizada a equação acima e esta é mapeada com a tensão

SENSOR DE VELOCIDADE:

A velocidade é normalmente medida através de um codificador. São normalmente utilizados dois tipos principais de codificadores: um é o codificador rotativo e o outro é o codificador ótico.

a. *Codificador rotativo:*

O codificador rotativo utiliza uma disposição de dentes e escovas e o sinal é alto quando a ascensão (ou dente) está em contacto com a escova e baixo quando a escova não toca

dente. A figura seguinte mostra a vista interna de um codificador rotativo.

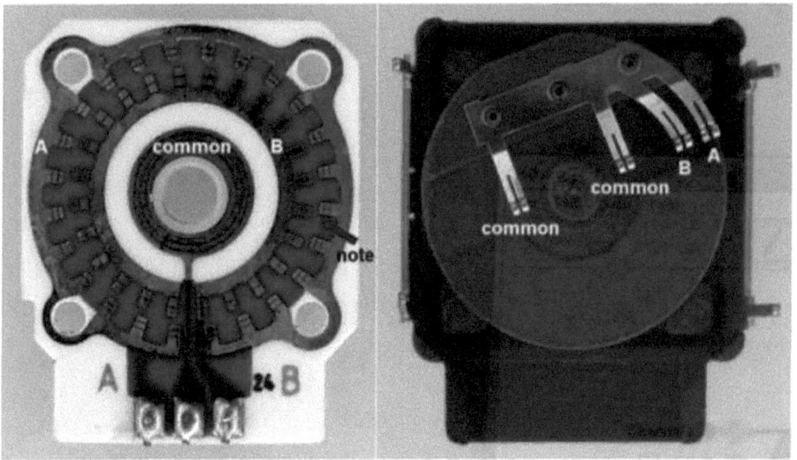

Figura 20 Interior de um codificador mecânico rotativo mostrando a placa de circuito impresso e as escovas

b. *Codificador ótico:*

O outro tipo é o codificador ótico que utiliza uma disposição de LED e foto-transístor e um disco entre ambos. Quando a parte opaca do disco está à frente do LED, o foto-transístor fornece um nível de tensão e quando a fenda (ou orifício) do disco está à frente do LED, a luz passa através da fenda e incide no foto-transístor, obtendo-se outro nível de tensão na saída, como mostra a figura.

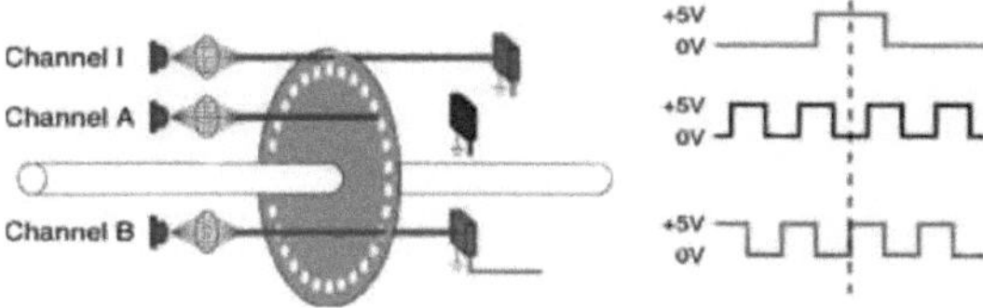

Figura 21 Codificador ótico

SENSOR DE CORRENTE

É necessário medir a corrente para monitorizar a potência de entrada no motor. Existem vários métodos para medir a corrente.

Medição da corrente:

a. Resistência de derivação:

O mais simples é utilizar uma pequena resistência de derivação e monitorizar a tensão através dela utilizando o ADC. Mas este método causa perda de potência no circuito e esta perda é significativa para valores elevados de corrente.

b. Sensor de efeito Hall:

Utilizámos um sensor de boa qualidade que utiliza o efeito Hall (efeito magnético causado pela passagem de corrente através de um fio) ACS712-30 que não causa carga no circuito e tem uma largura de banda elevada (80 kHz). É altamente preciso e a tensão na saída varia linearmente em 66mV/A. A configuração dos pinos e o esquema de aplicação são dados a seguir.

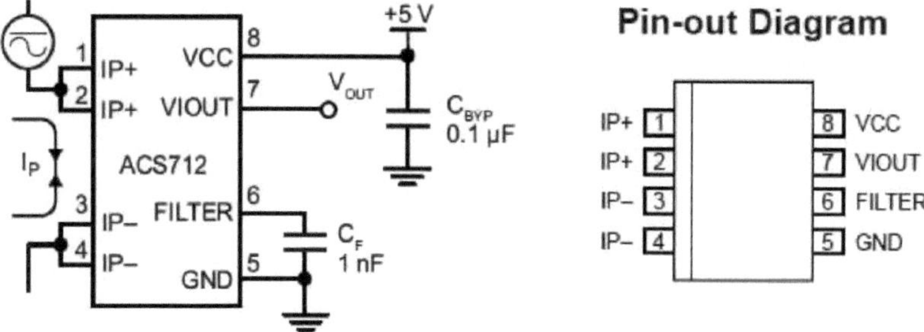

Figura 22 Sensor de efeito Hall IC

SISTEMA DE AQUISIÇÃO DE DADOS

A fim de traçar a curva caraterística (binário versus velocidade) da curva de indução do motor, está a ser utilizada a aquisição de dados. O sistema de aquisição de dados inclui

- Sensores utilizados para medir parâmetros físicos em termos de sinais eléctricos
- Circuito de condicionamento do sinal
- Conversores analógico-digitais

Existem duas partes importantes da aquisição de dados

1. *Processamento de dados*

É composto por uma placa arduino uno. Obtém dados dos sensores de corrente, velocidade e binário e processa-os. Os dados de corrente e de binário são analógicos, pelo que são convertidos em dados digitais através do ADC integrado do Arduino UNO. Os dados de velocidade têm a forma de impulsos, que são contados durante um determinado intervalo de tempo e convertidos em RPM. Depois de recolher os dados de todos os sensores, todos os dados são transmitidos para o MATLAB a partir do arduino utilizando a comunicação de série.

2. *Interface gráfica do utilizador (GUI)*

A interface gráfica do utilizador é implementada em MATLAB. É necessário introduzir o valor nominal do motor (frequência nominal e potência nominal) do utilizador e a frequência desejada para a qual o utilizador pretende caraterizar o motor. O sistema é inicializado de acordo com estes valores e é traçada a curva caraterística do motor.

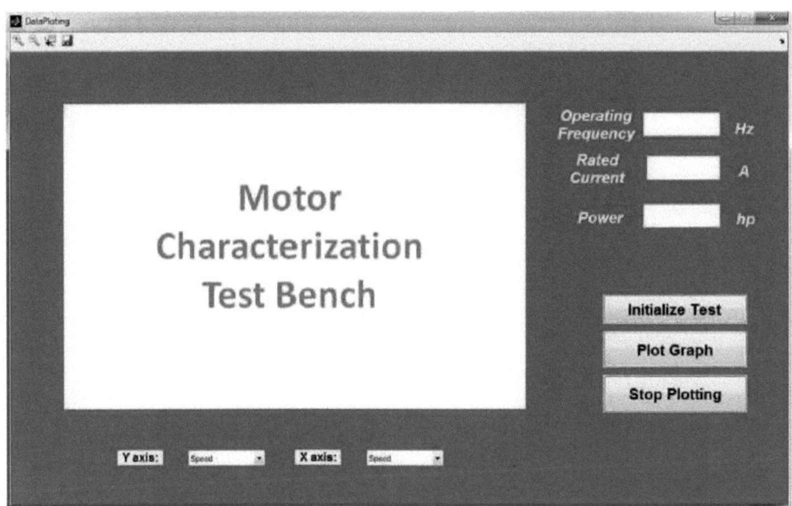

Figura 23 Interface DAQ

O fluxograma para a aquisição de dados é apresentado a seguir

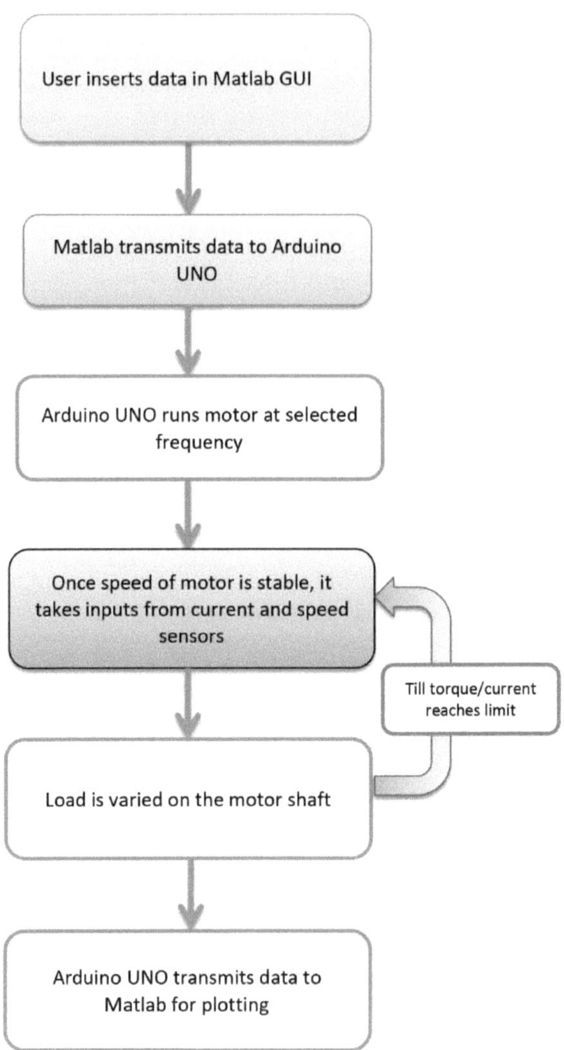

CARGA ELECTROMECÂNICA DINÂMICA

Para todos os bancos de ensaio de caraterização de motores, precisamos de um mecanismo de adição de binário ao motor para podermos obter a curva de velocidade de binário e a curva de eficiência. O carregamento do motor pode ser efectuado de forma automática ou manual. O carregamento manual tem a desvantagem da introdução de erros. No carregamento automático, o binário no motor é variado em passos de tamanho fixo.

Um gerador ou um alternador pode servir como um dispositivo útil para carregar o motor. A saída do gerador é curto-circuitada e, em seguida, a excitação dos enrolamentos de campo é variada para alterar a carga no motor.

. Será operado em modo de controlo de binário, a fim de abranger toda a gama de caraterísticas de binário do MUT, desde o binário em vazio até ao binário de perda. Este dinamómetro pode, na verdade, ser realizado através de qualquer um dos tipos de motores mais comuns, como as máquinas de corrente contínua com e sem escovas, as máquinas de indução e as máquinas síncronas; a diferença será, naturalmente, a complexidade dos respectivos sistemas de acionamento elétrico e de controlo, em contraste com o custo relativo e a capacidade das máquinas.

Neste projeto, um alternador de automóvel, que é essencialmente uma máquina síncrona, será explorado como dinamómetro devido à sua robustez, facilidade de controlo e retificador incorporado pré-instalado. A figura 24 mostra o esquema da eletrónica de potência para manobrar a máquina em modo de controlo de binário. Os terminais do estator são simplesmente postos em curto-circuito e a corrente de curto-circuito é controlada pela variação da corrente de campo injectada no rotor através de um conversor dc-dc. O binário varia em função direta da corrente de curto-circuito que, por sua vez, é diretamente proporcional à corrente de campo.

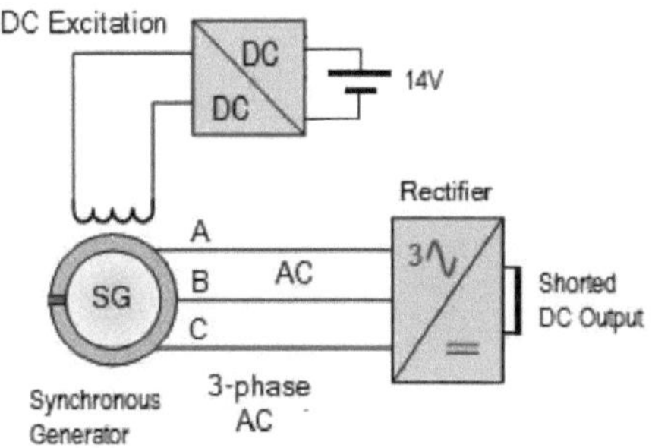

Figura 24 Mecanismo de excitação do gerador

Plataforma sem vibrações com ajuste completo de 3 graus de liberdade (DoF)

Uma base livre de vibrações é muito importante para montar a configuração de teste que inclui o MUT, a carga dinâmica e o medidor de binário. A plataforma tem uma capacidade de ajuste completa de 3 DOF para alinhar o MUT com o eixo do dinamómetro na configuração de teste. Assim, qualquer tamanho e tipo de motor que se enquadre na gama-alvo de 0,5-2hp pode ser acomodado nesta plataforma. A Figura 25 mostra uma versão ampliada da Fig. 2 que representa esta capacidade de ajuste.

Toda a estrutura foi fabricada em aço macio. Isto foi feito tendo em conta os requisitos de carga e tensão, bem como o custo. A plataforma para o motor foi concebida de modo a poder deslocar-se facilmente para cima e para baixo para acomodar motores grandes e pequenos, e o suporte para manter o motor no seu lugar também é móvel para acomodar diferentes motores.

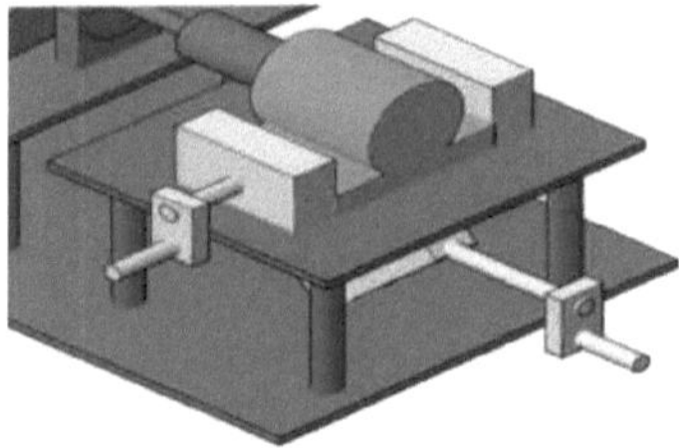

Figura 25 Figura ampliada mostrando a plataforma e o motor ajustado

CAPÍTULO 4

IMPLEMENTAÇÃO

IMPLEMENTAÇÃO DO VFD

A Modulação de Largura de Impulso Sinusoidal (SPWM), para controlar os interruptores da meia ponte para produzir CA de uma determinada frequência, é implementada no atmega2560. Foram utilizadas várias frequências de comutação, como 31,5 Khz, 8Khz e 4 Khz, mas no final decidimos utilizar o esquema de comutação de 4 Khz. A razão para isso é a maior potência na primeira harmónica no caso da comutação de 4 Khz. O sinal de controlo SPWM do controlador vai para o controlador de porta IR2110. Há duas razões principais para utilizar o controlador de porta

1. O microcontrolador não consegue fornecer corrente suficiente para ligar o IGBT.

2. Dispõe de um mecanismo de correia de arranque para ligar o IGBT superior de cada perna.

A partir do IR2110, estes sinais são alimentados às portas do IGBT.

ESQUEMA DE UM ACCIONADOR DE PORTA

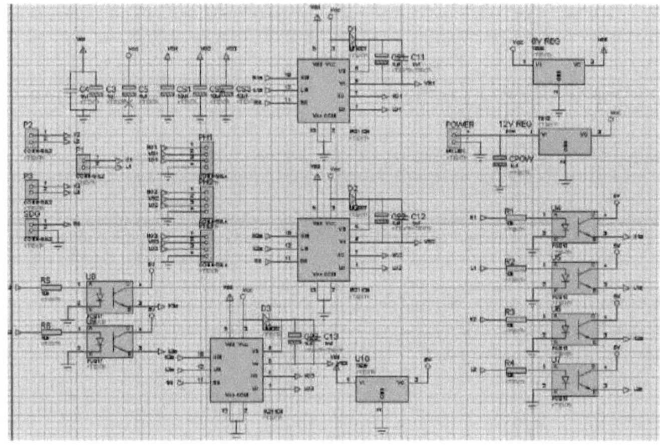

Figura 26 Esquema para controladores de porta e reguladores

ESQUEMA DE PCB PARA IR2110

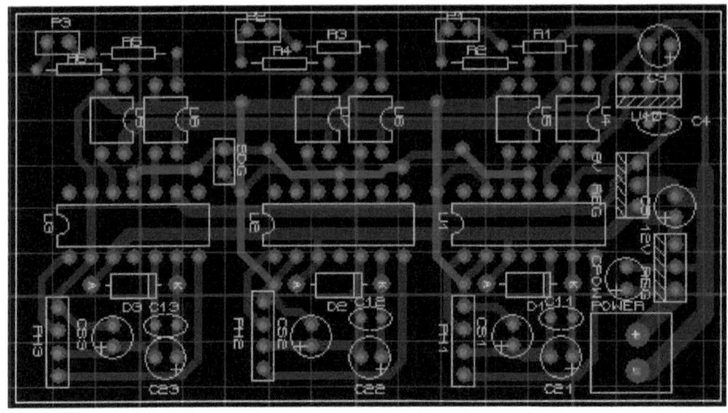

Figura 27 Esquema da placa de circuito impresso para o circuito integrado de controlo de porta

ESQUEMA DO INVERSOR

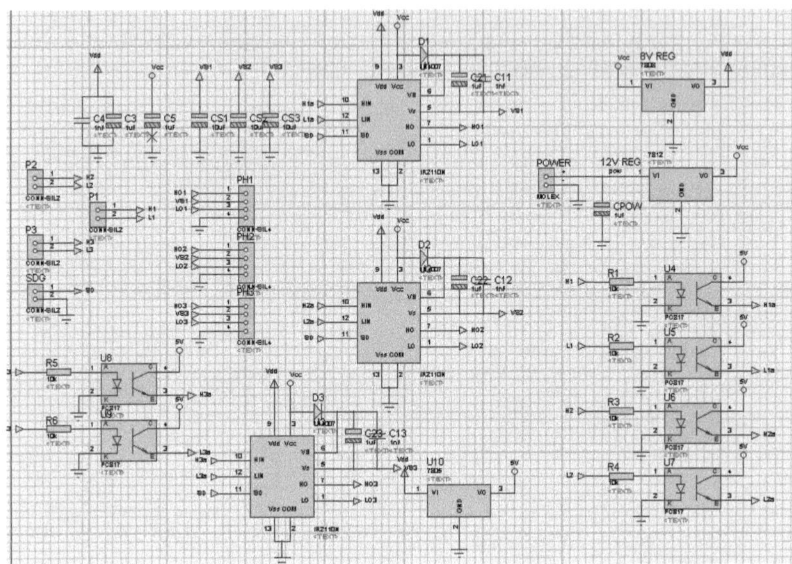

Figura 28 Esquema do inversor

ESQUEMA DE PLACA DE CIRCUITO IMPRESSO PARA INVERSOR

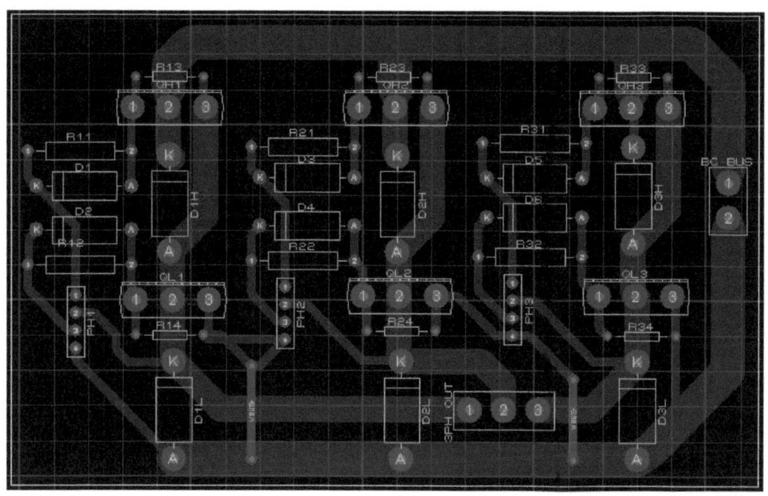

Figura 29 Esquema da placa de circuito impresso para o inversor

VFD HARDWARE

Figura 30 VFD após a implementação

RESULTADOS DA VFD

Forma de onda de saída da tensão de linha para a frequência de comutação=4 Khz

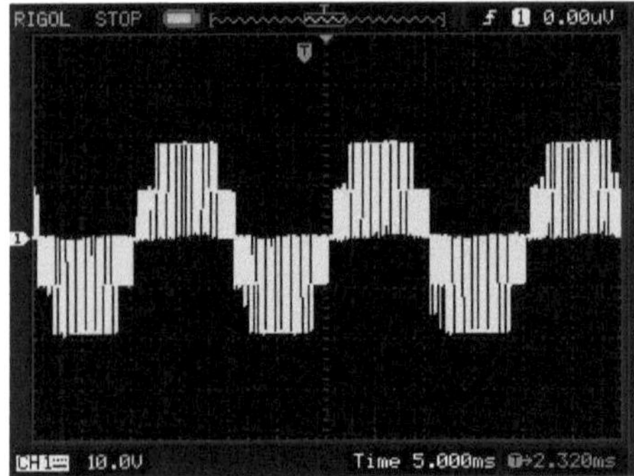

Forma de onda de saída da tensão de linha para a frequência de comutação=8 Khz

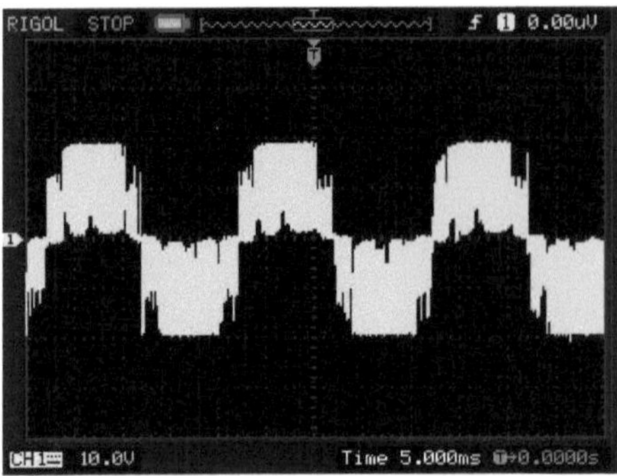

Forma de onda de saída da tensão de linha para a frequência de comutação=31,5 Khz

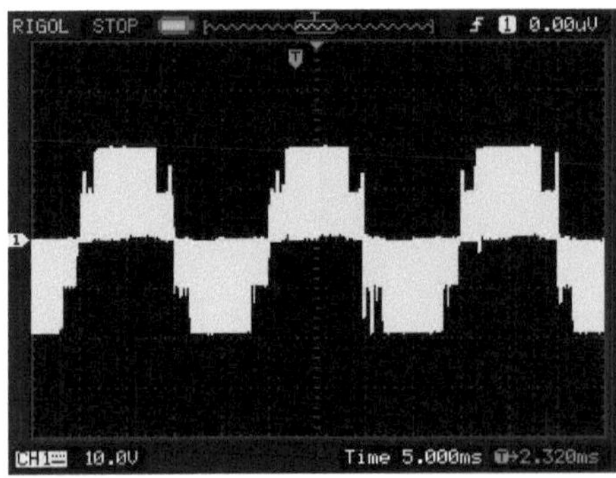

A forma de onda seguinte mostra que duas tensões de linha estão exatamente 120 graus fora de fase

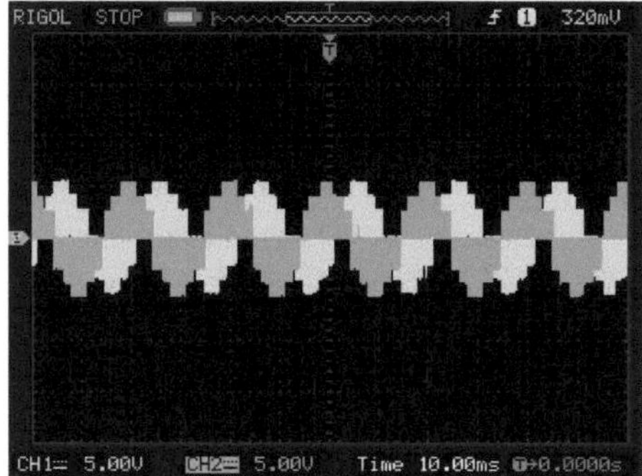

Forma de onda para a corrente:

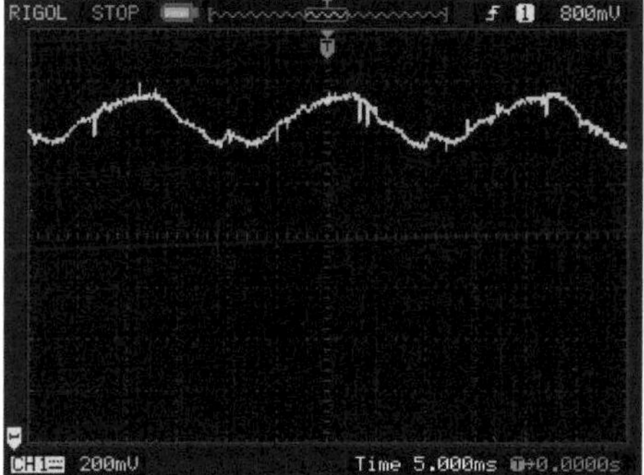

Análise harmónica:

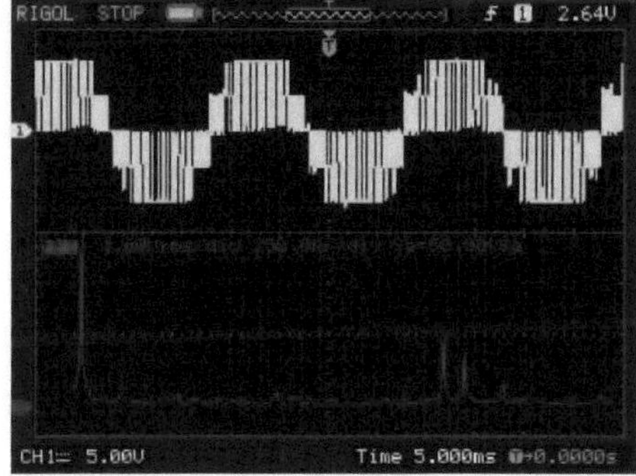

A partir da figura acima, verificou-se que o componente fundamental tem a maior contribuição na saída, o que é desejável.

PROBLEMAS ENFRENTADOS NA APLICAÇÃO DO VFD

- Um dos principais problemas que se colocaram na implementação do VFD foi a disponibilidade de um acionador de porta de boa qualidade. Os accionadores de portas disponíveis eram de qualidade inferior e a maior parte deles estava avariada. Este problema foi resolvido através da compra de accionadores de porta de boa qualidade.

- Um dos outros problemas era o cálculo do condensador de bootstrap, uma vez que a maior parte dos parâmetros envolvidos nos cálculos não estava disponível. Para resolver este problema, encontrámos um artigo sobre o gate driver, que ajuda a selecionar o condensador mais adequado.

- A conceção do circuito do IR2110 requer acertos e tentativas e leva muito tempo a afinar.

- A saturação dos IGBTs é crítica para uma comutação adequada e requer uma seleção precisa da tensão.

PROBLEMAS ENFRENTADOS NA IMPLEMENTAÇÃO DA AQUISIÇÃO DE DADOS

- **Escolha da Direção**

Um dos principais problemas com que nos deparámos na implementação da aquisição de dados foi a escolha da placa. Primeiro utilizámos a placa Arduino DUE, mas houve alguns problemas de compatibilidade entre o Arduino DUE e o MATLAB. Por isso, tivemos de voltar a utilizar o Arduino UNO.

- **Tamanho dos dados:**

No caso da comunicação em série, uma vez que só podem ser enviados 8 bits de dados de cada vez, havia alguns problemas se os dados fossem superiores a 8 bits. Estes problemas surgiram porque os dados que estavam a ser adquiridos dos sensores tinham de ser processados. Se este processamento for efectuado no controlador, então o tamanho dos dados torna-se superior a 8 bits. Mas, para evitar este problema, todo o processamento foi efectuado no MATLAB após a transmissão dos dados do controlador para o MATLAB.

IMPLEMENTAÇÃO DO MEDIDOR DE BINÁRIO:

O medidor de binário foi adquirido na Amazon. A gama original do medidor de binário era de 40-200 Nm. Portanto, o menor valor possível de torque que ele pode medir era 40 Nm. Mas precisamos de medir o binário de 0-30 Nm.

Por isso, para o utilizarmos para o nosso objetivo, precisamos de fazer algumas alterações. O principal problema do baixo valor do binário era o facto de o sinal de tensão de saída estar em microvolt. Assim, para medir o sinal do ADC do microcontrolador, amplificámos este sinal utilizando um amplificador de instrumentação (AD620).

Figura 31 Adaptador de binário adquirido na Amazon

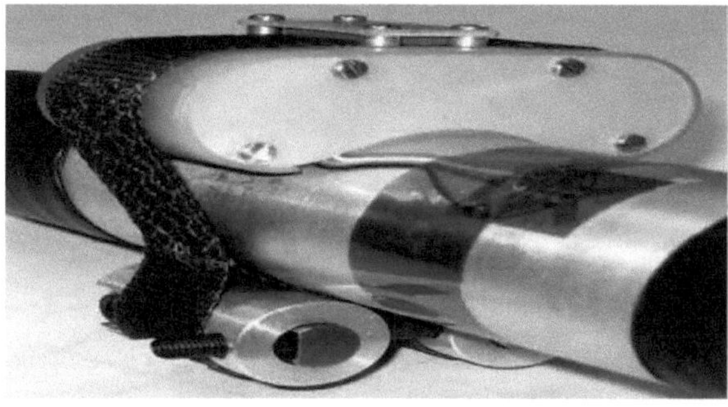

Figura 32 Amplificador de instrumentação com extensómetros

O AD620 é fácil de usar e seu ganho pode ser ajustado com um resistor externo (faixa de ganho de 1 a 10.000). Mas um dos seus aspectos negativos é o facto de necessitar de alimentação positiva e negativa para funcionar.

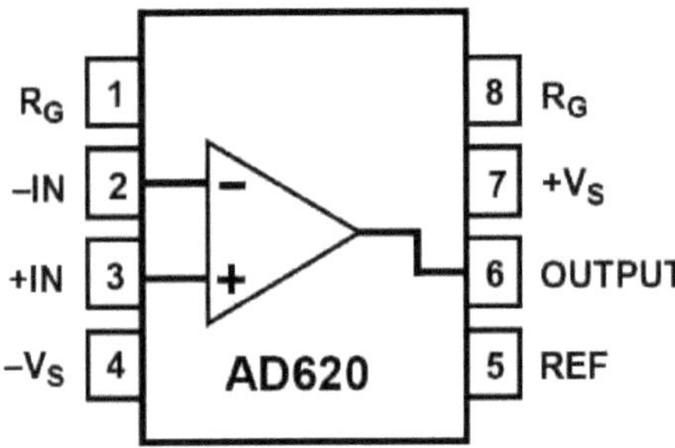

Figura 33 Amplificador de instrumentação AD620

Leitura de dados do eixo rotativo:

Como o medidor de binário está acoplado ao motor e ao eixo do rotor e este está a rodar, para ler os dados foi utilizado um conjunto de anel deslizante e escova. Os anéis deslizantes foram feitos à medida e foram utilizados diferentes tipos de escovas para ler os dados, incluindo escovas do motor CC, placa de carbono, escovas de carbono do alternador e contactos do suporte da lâmpada.

Problemas de leitura de dados:

Alguns dos problemas enfrentados durante a leitura dos dados das escovas são os seguintes

- Os extensómetros são muito sensíveis a qualquer torção que actue sobre eles. Havia vibrações nos sistemas que estavam a afetar a ponte.
- Devido à vibração do veio, verificaram-se algumas descidas na leitura das escovas. Isto deveu-se à perda de contacto da escova com o anel deslizante. Estas vibrações devem-se ao facto de o adaptador de binário ter sido concebido para a medição de binário estático e de o termos modificado de acordo com as nossas necessidades.
- O medidor de binário produz uma leitura inicial quando está parado. Quando começa a rodar, salta da leitura correta para uma leitura incorrecta.

Solução para a medição do binário

Tentámos utilizar diferentes tipos de escovas, mas o resultado foi o mesmo em todos os casos. Ou a leitura era incorrecta ou apresentava falhas. Discutimos este problema com o Dr. Riaz Ahmad Mufti (HOD Research) e ele sugeriu-nos que não utilizássemos este método devido às vibrações no sistema e às escovas ineficientes. Estávamos a utilizar um medidor de binário no meio (entre o motor e o gerador). Disse-nos para utilizarmos uma célula de carga em vez de um adaptador de binário e para o utilizarmos do lado do gerador.

Para utilizar a célula de carga, a nossa estrutura mecânica não pode ser utilizada tal como está e é necessário efetuar as mesmas alterações para a implementar. A estrutura que foi projectada anteriormente tinha uma distância de cerca de 1,5 pés entre as plataformas do motor e do gerador e o medidor de binário costumava ser ligado entre elas. Neste caso, como estamos a utilizar o medidor de binário do lado do gerador, diminuímos esta distância e deslocámos a plataforma do gerador para perto do gerador, de modo a que o comprimento do eixo entre o motor e o gerador seja mínimo, a fim de reduzir as vibrações. Para colocar o gerador na sua plataforma, este tem de estar acima da sua base, de modo a que o rotor possa mover-se livremente. Por isso, essa montagem também foi introduzida na estrutura.

Para o fazer, temos de efetuar algumas alterações no gerador, bem como na nossa estrutura. Para o efeito, precisamos de um gerador com o veio estendido de ambos os lados, mas o gerador disponível no mercado só tem o veio de um lado. Por isso, temos de fazer algumas alterações no gerador disponível no mercado para estender o seu veio de ambos os lados.

Figura 34 Sistema antes da modificação

Sistema após modificação

Figura 35 Sistema após modificação

CAPÍTULO 5

RESULTADOS

Utilizamos a GUI para definir os valores de entrada e inicializar o teste. O motor em teste era um motor de indução trifásico de 0,5 CV. O motor foi obtido no laboratório EMS. Inicialmente, quando o teste foi inicializado, o motor estava em condição de vazio. Depois, o binário aumenta gradualmente e obtém-se a curva caraterística de velocidade de binário, como se mostra na figura seguinte.

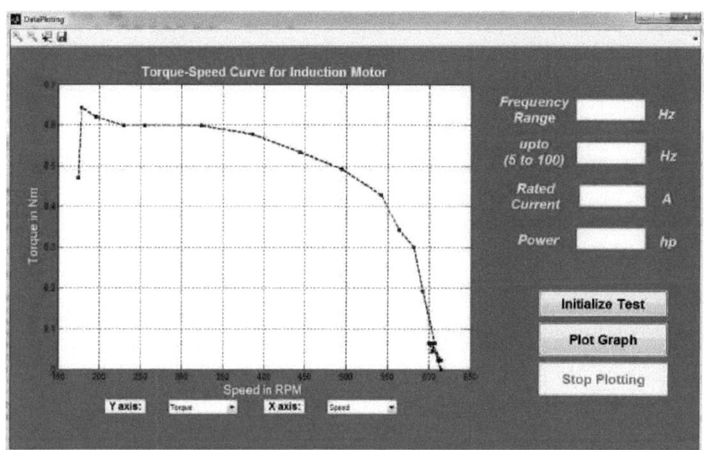

Figura 36 Curva de velocidade de binário do motor de indução

O resultado acima mostra a curva de velocidade de binário obtida para o motor em teste.

A curva mostra que o motor em teste segue a norma NEMA D. A curva é quase igual à curva teórica. A figura seguinte mostra a curva de velocidade de eficiência do mesmo motor.

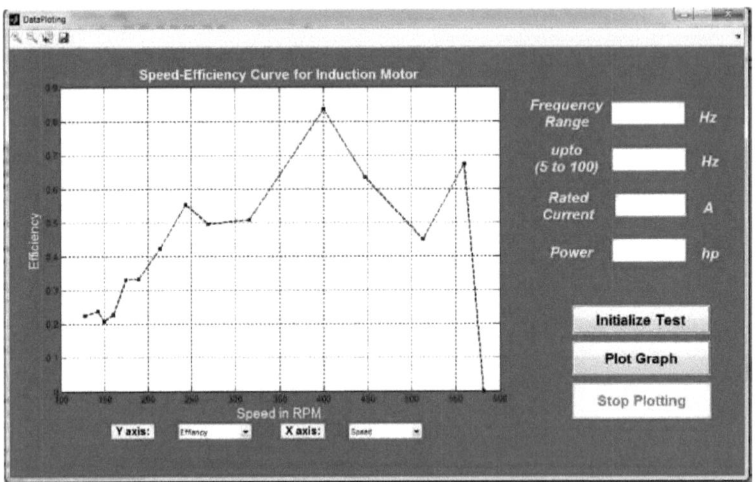

Figura 37 Curva de eficiência da velocidade do motor de indução

A velocidade em rpm é considerada ao longo do eixo x e a eficiência no eixo y. Podemos ver que, para alguns valores de velocidade, a eficiência aumenta até cerca de 80%.

CAPÍTULO 6

CONCLUSÃO

O nosso projeto de fim de curso visa ter um impacto significativo na economia do Paquistão, ajudando tanto a indústria como os seus homólogos académicos. Tal como referido no CAPÍTULO 1, este projeto ajudará a indústria a iniciar a era do fabrico de motores energeticamente eficientes. Proporcionará à indústria a possibilidade de validar os seus projectos de acordo com as normas internacionais de eficiência. Assim, com este projeto, o Paquistão pode entrar nos mercados dos EUA e da Europa, o que de outra forma não seria possível sem uma instalação de caraterização de motores. Mais importante ainda, este projeto visa manter esta instalação acessível às nossas pequenas e médias empresas, permitindo-lhes assim trazer a revolução dos motores energeticamente eficientes no Paquistão.

As perdas de carga e os cortes de energia são talvez a maior das maldições que uma nação pode enfrentar nos tempos modernos. Com o advento de motores energeticamente eficientes no Paquistão, que constituem mais de 70% da carga na rede nacional, é possível mitigar uma enorme quantidade de perdas de energia.

Por outro lado, o produto deste projeto servirá como uma plataforma abrangente de I&D para os investigadores das nossas universidades. Assim, este projeto pode estabelecer ligações entre a indústria e o mundo académico para resolver os problemas industriais e apresentar soluções eficientes do ponto de vista energético. Além disso, esta instalação é vital para a realização de trabalhos de investigação no domínio da conceção de novas máquinas, accionamentos eléctricos, veículos eléctricos e sistemas de energias renováveis, etc.

Assim, o impacto deste projeto é múltiplo - na indústria, na comunidade e na economia do Paquistão.

No que diz respeito ao aspeto da aprendizagem, este projeto ajudou-nos a aplicar na prática o conceito de eletrónica de potência que aprendemos nas aulas. Também nos familiarizámos com os problemas que normalmente surgem com a implementação de circuitos teóricos.

O projeto também nos ensinou o valor do espírito de equipa e do trabalho em equipa.

Em suma, foi uma experiência única e estamos gratos ao nosso conselheiro, o Dr. Syed Muhammad Raza Kami, por nos ter ajudado a alcançar os resultados desejados.

CAPÍTULO 7

RECOMENDAÇÕES

O nosso projeto só pode ser utilizado para caraterizar o motor de indução. Mas pode ser alargado a qualquer tipo de motor. Para utilizar esta configuração de corrente para qualquer tipo de motor, é necessário conceber os circuitos de controlo de cada tipo de motor. Por exemplo, se alguém quiser caraterizar um motor DC sem escovas, o acionamento por corrente não pode ser utilizado porque o seu acionamento é diferente do do motor de indução.

Esta configuração também pode ser utilizada para caraterizar geradores com poucas modificações.

O sistema de aquisição de dados foi implementado em MATLAB. Como extensão deste projeto, pode ser implementado em qualquer tipo de linguagem de código aberto, como JAVA, python, etc., uma vez que o MATLAB não é um software de código aberto.

REFERÊNCIAS

[1] "Funcionamento e mecanismo do VFD," [Online]. Disponível: http://WWW.VFD.com/. [Acedido em 4th novembro, 2013].

[2] "Especificações do adaptador de binário," [Online]. Disponível: http://amazon.com/. [Acedido em 4th novembro, 2013].

[3] "SPWM, Vantagens e Desvantagens," [Online]. Disponível: http://unitedtracker.com/. [Acedido em 4th outubro, 2013].

[4] "Células de carga, usos e construção", [Online]. Disponível:

http://www.linkedin.com/company/bioenable-technologies-pvt-ltd/avms100-advanced-load

[5] http://www.tdap.gov.pk/doc reports/tdap report on fan industry in pakistan.pdf

[6] http://www.nema.org/Products/Documents/TDEnergyEff.pdf

[7] http://www.sendev.com/catalog/pdf/torque-measurement.pdf

[8] http://sensing.honeywell.com/new%20ways%20to%20measure%20torque.pdf

Printed by Books on Demand GmbH, Norderstedt / Germany